Crinkleroot's

森林爷爷自然课

你应该知道的
25 种其他动物

[美] 吉姆·阿诺斯基 著/绘

洪宇 译

人民东方出版传媒
People's Oriental Publishing & Media
东方出版社
The Oriental Press

伟大的博物学家欧内斯特·汤普森·塞顿在他的《森林知识》一书中，列出了他认为每个孩子都应该认识的40种鸟类。

虽然我并不同意他的一些选择，但这份清单引发了我的思考：每个孩子应该认识多少种鸟？多少种鱼？多少种哺乳动物？……

于是，我特意为孩子们编绘了"森林爷爷自然课动物图鉴"系列（25种鸟类、25种鱼类、25种哺乳动物和25种其他动物）旨在帮助孩子们认识动物王国的大部分常见种类。

我希望我的选择能引发家长和老师们的思考，就像塞顿先生引发了我的思考那样，哪些动物应该被包括在这份孩子的自然认知清单中。小朋友，你也可以发表自己的意见哟！

吉姆·阿诺斯基

小朋友，你好！我是森林爷爷克林克洛特。我总是非常关注小动物们。你认识多少种不同的动物呢？

这本书里有 25 种你应该认识的动物。来吧，我现在就带你去认识它们！

有些动物就住在你家附近 —— 比如，公园里或社区的花园里。有些动物甚至就住在你家房子里!

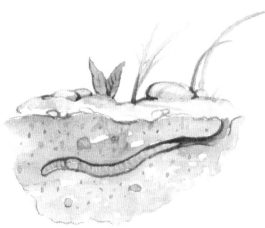

有些住在地下。

有些住在海里。

地球是各种动物的家园。有些动物很大，有些动物很小。来跟我一起研究它们吧!

你的朋友
森林爷爷克林克洛特

小朋友，请给这些可爱的动物涂上颜色吧！
别着急，慢慢涂，要注意细节哟！

动物

青蛙

蟾蜍

青蛙

蟾蜍

蝾螈

蜥蜴

蝾螈

蜥蜴

乌龟

短吻鳄

蛇

乌龟

短吻鳄

蛇

蚯蚓

蜗牛

蛤蜊

蚯蚓

蜗牛

蛤蜊

螃蟹

龙虾

螃蟹

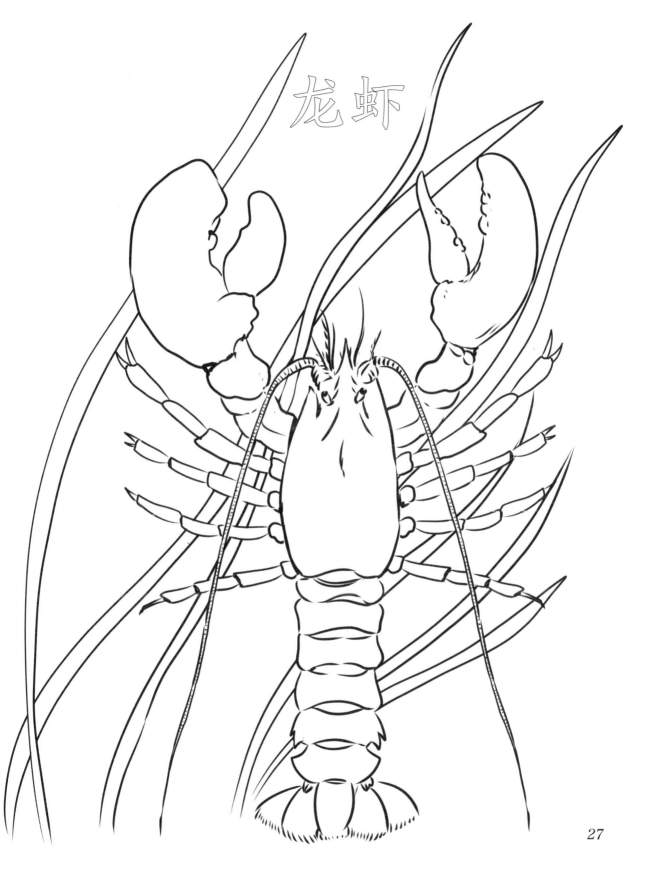

龙虾

章鱼

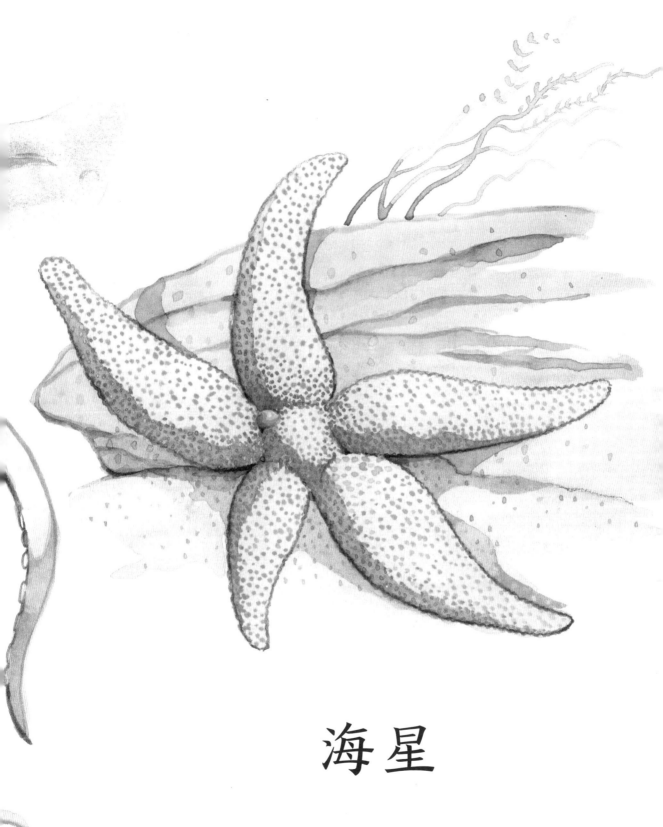

海星

章鱼

海星

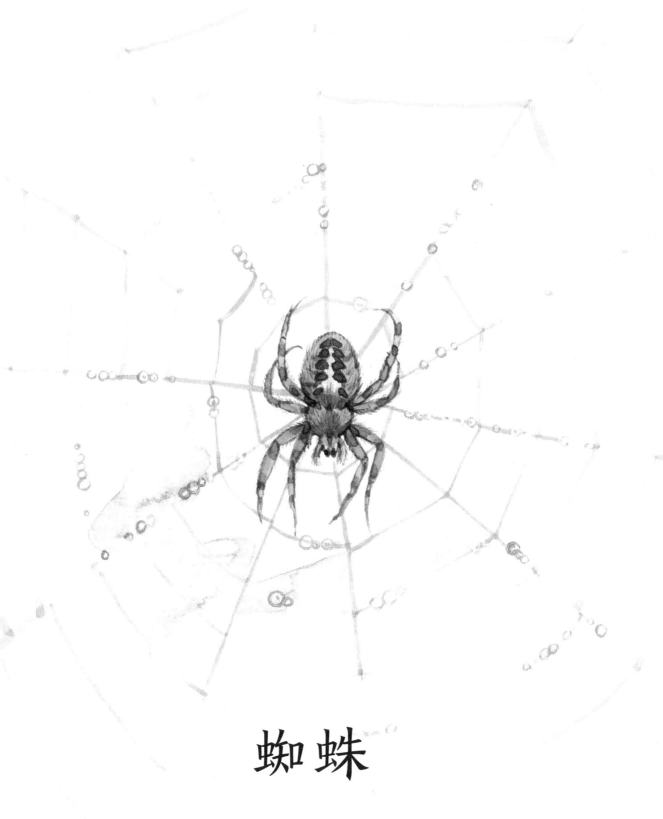

蜘蛛

蜱虫

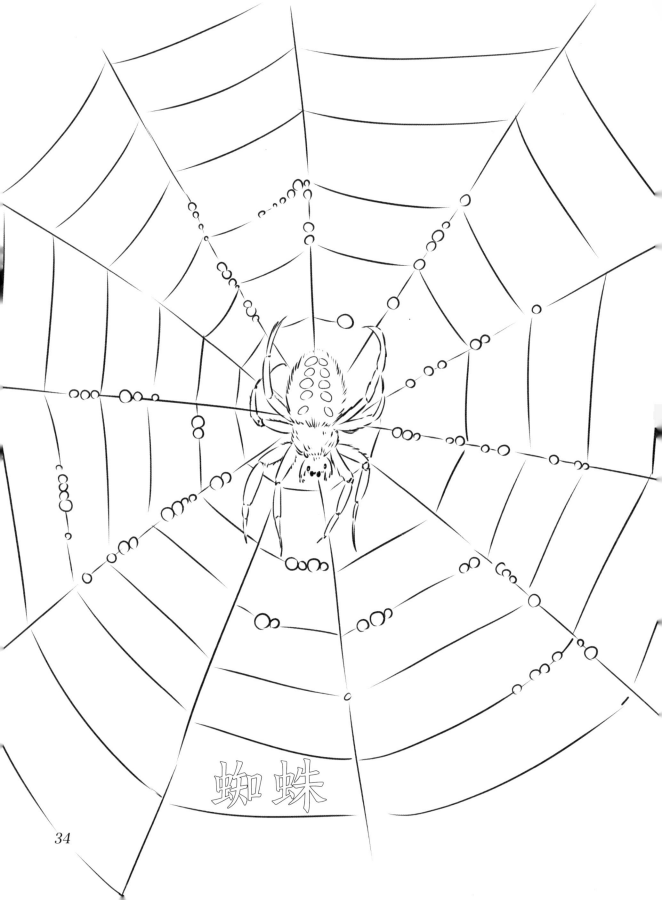

蜘蛛

蜱虫

毛虫

蝴 蝶

毛虫

蝴蝶

蟋蟀

蝗虫

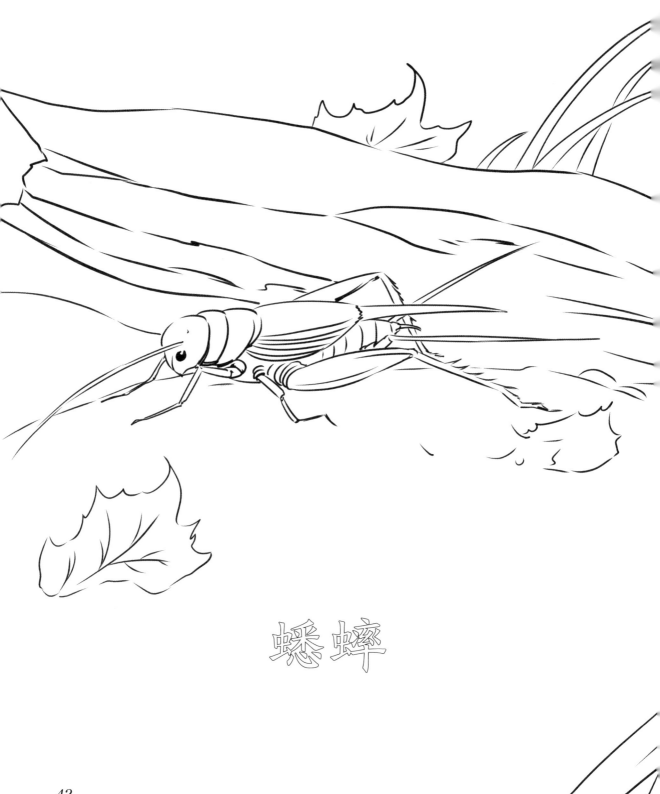

蟋蟀

蝗虫

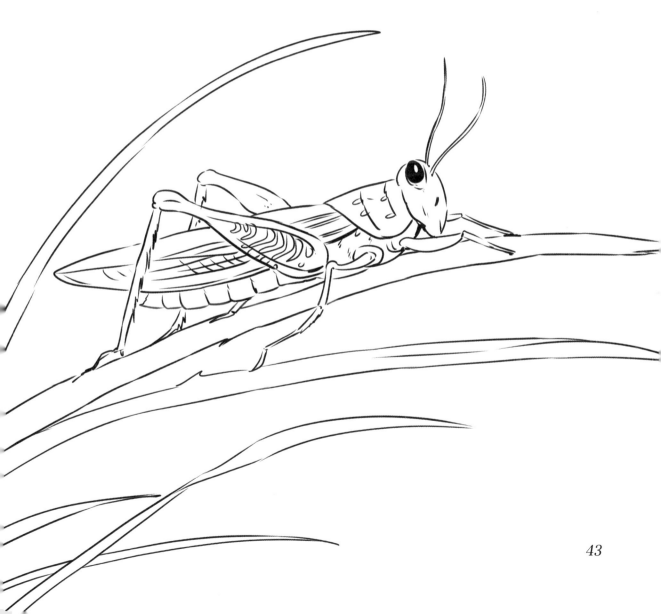

甲虫

蚂蚁

44

蜜蜂

甲虫

蚂蚁

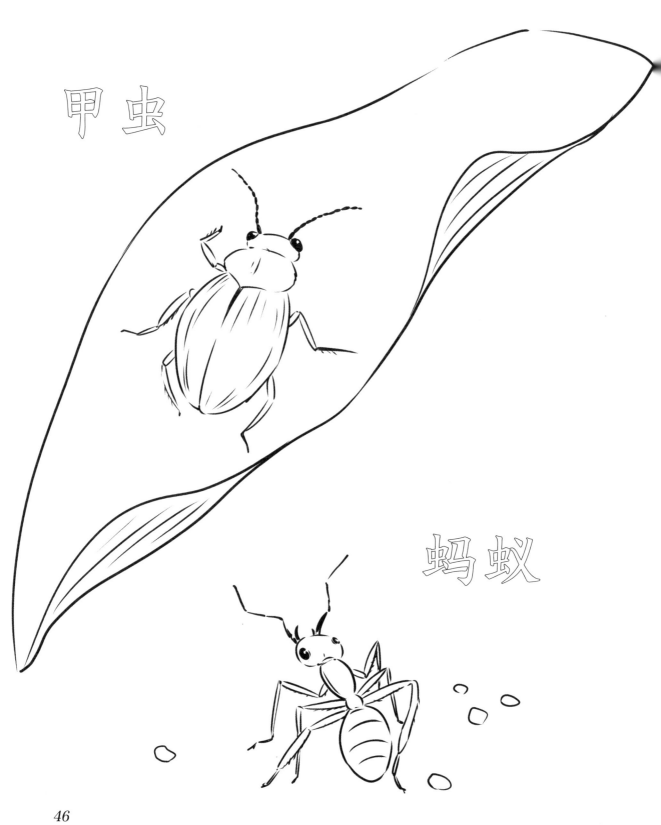

蜜蜂

蜻蜓

家蝇

（发现我留给你们的小惊
喜了吗？请数一数，在前面的
彩页里，我藏了哪些动物？）

49

蜻蜓

家蝇

图书在版编目（CIP）数据

森林爷爷自然课.你应该知道的25种其他动物　/（美）吉姆·阿诺斯基著绘；
洪宇译.—北京：东方出版社，2021.11
ISBN 978-7-5207-2093-9

Ⅰ.①森… Ⅱ.①吉… ②洪… Ⅲ.①自然科学－儿童读物②动物－儿童读物
Ⅳ.① N49 ② Q95-49

中国版本图书馆 CIP 数据核字（2021）第 041757 号

森林爷爷自然课（全 12 册）
（SENLIN YEYE ZIRAN KE）

著　　绘：[美]吉姆·阿诺斯基
译　　者：洪　宇
策 划 人：张　旭
责任编辑：丁胜杰
产品经理：丁胜杰
出　　版：东方出版社
发　　行：人民东方出版传媒有限公司
地　　址：北京市西城区北三环中路 6 号
邮　　编：100120
印　　刷：鸿博昊天科技有限公司
版　　次：2021 年 11 月第 1 版
印　　次：2021 年 11 月第 1 次印刷
印　　数：1—10000 册
开　　本：650 毫米 ×1000 毫米　1/12
印　　张：44
字　　数：420 千字
书　　号：ISBN 978-7-5207-2093-9
定　　价：238.00 元
发行电话：（010）85924663　85924644　85924641